Karl Huderz

Die Effizienz von weißen LEDs

Unter Betrachtung der Umwandlung von Energie in Licht

GRIN Verlag

Bibliografische Information der Deutschen Nationalbibliothek:

Die Deutsche Bibliothek verzeichnet diese Publikation in der Deutschen National-
bibliografie; detaillierte bibliografische Daten sind im Internet über http://dnb.d-
nb.de/ abrufbar.

Impressum:

Copyright © 2011 GRIN Verlag GmbH
Druck und Bindung: Books on Demand GmbH, Norderstedt Germany
ISBN: 978-3-640-95717-0

Dieses Buch bei GRIN:

http://www.grin.com/de/e-book/174958/die-effizienz-von-weissen-leds

CAMPUS 02 Fachhochschule der Wirtschaft

Studiengang Innovationsmanagement

Bachelorarbeit

Die Effizienz von weißen LEDs

unter Betrachtung der Umwandlung von Energie in Licht

Karl Huderz

Graz, Mai 2011

Zusammenfassung

Die vorliegende Arbeit beschäftigt sich mit der Effizienz von weißen LEDs und der damit verbundenen Umwandlung von Energie in Licht. Dazu wird die Umwandlung von elektrischer Energie in Licht, anhand der exakten Berechnung, genau erläutert und auf die verschiedenen Parameter eingegangen.

Im Kapitel ‚Die LED‘ erfolgt eine Erläuterung des Aufbaus und der Funktionsweise der heutigen LED Technologie anhand des Stands der Technik.

Mit diesen Kenntnissen werden schließlich die wichtigsten Einflussgrößen für LEDs in der Lichttechnik, anhand aktueller LEDs am Markt betrachtet und miteinander verglichen.

Abstract

This bachelor thesis deals with the efficiency of white LEDs and the related transformation of energy to light. For this reason the transformation of electric energy to light will be described by explaining the exact calculation, including a detailed description of all parameters considered. The chapter 'the LED' explains design and function of state of the art LED technology. Finally, the most important parameters concerning LEDs and lighting technology are discussed and evaluated by comparison of state of the art LED technology on the market.

Inhaltsverzeichnis

Abbildungsverzeichnis

Formelverzeichnis

Abkürzungsverzeichnis

λ	Wellenlänge
A_k	Kalottenfläche
K_m	Fotometrisches Strahlungsäquivalent
P_{el}	Elektrische Leistung
η_L	Lichtausbeute
$\phi_e(\lambda)$	Physikalische Strahlungsleistung
ϕ_v	Fotometrische Strahlungsleistung
I	Lichtstärke
I_{rel}	Relative Intensität
LED	Light Emitting Diode
Q	Strahlungsenergie
$V(\lambda)$	Spektrale Hellempfindlichkeit
c	Lichtgeschwindigkeit
f	Frequenz
r	Radius
t	Zeit
Ω	Raumwinkel
η	Elektrischer Wirkungsgrad

Tabellenverzeichnis

1 Einleitung

Neben den bisherigen Lichtquellen findet eine neue Technologie immer mehr Verbreitung. Es handelt sich hierbei um die sogenannte LED – Light Emitting Diode. Neben zahlreichen Anwendungsgebieten wie in der Autoindustrie, als Signalanzeige und in diversen elektronischen Geräten setzt vor allem die Beleuchtungsindustrie auf diese Technologie.[1]

1.1 Problembeschreibung

Die LED Technologie ist in der Lichtbranche eine noch sehr junge Technologie und erhielt erst in den letzten Jahren zunehmende Bedeutung. Durch die fortschreitende Entwicklung und der damit stetig verbundenen Veränderung der Technologie haben sehr viele Menschen den Überblick verloren. War bei herkömmlichen Leuchtmitteln, welche sich seit Jahrzehnten stetig langsam weiterentwickelten, ein sehr großes Wissen vorhanden, so ist der Vergleich zu den heutigen LEDs nicht immer eindeutig. Besonderes Augenmerk liegt hier auf der Effizienz der LEDs, da genau dieser Punkt eine der oft ausschlaggebenden Kriterien ist.

Zusätzlich sei angemerkt, dass 19% des weltweiten Energiebedarfs durch Licht verbraucht wird.[2] Dies war auch Auslöser für die sogenannte ‚Earth Hour'. An diesem Tag, der einmal im Jahr stattfindet, wird eine Aktion zum Abschalten des Lichts für eine Stunde veranstaltet. Diese Aktion soll auf den ständig steigenden Energieverbrauch hinweisen.[3]

---

[1] Vgl.: Fördergemeinschaft Gutes Licht (2011): LED - Die neue Lichtquelle. Bd. 17. S. 2.

[2] Vgl.: Earth Policy Institute: World Electricity Consumption for Lighting by Sector and Potential Electricity Savings 2005. http://www.earth-policy.org/datacenter/xls/book_wote_ch8_2.xls [Stand 03.02.2011].

[3] Vgl.: Sidney Media. Earth Hour – Earth Always. http://www.sydneymedia.com.au/html/3263-earth-hour---earth-always.asp [Stand 06.02.2011]

1.2 Zielsetzung

Das Ziel dieser Arbeit ist, den Aspekt der Effizienz genauer zu untersuchen. Insbesondere wird hier auf die Umwandlung der Energie in Licht eingegangen, um eine eindeutige Aussage über diesen Parameter zu erhalten. Weiters sollen die Leser die am Markt verfügbaren LEDs, betreffend Ihrer Effizienz und den damit verbundenen Kriterien der Lichttechnik, einschätzen können. Die Zielgruppe sind Techniker in der Lichtbranche, ohne Kenntnisse über LEDs und interessierte Techniker anderer Branchen, sowie artverwandte Berufe in der Lichttechnik wie Lichtdesigner oder Architekten.

1.3 Aufbau der Arbeit

Der erste große Teil, Kapitel 1 der Arbeit, beschäftigt sich mit der Betrachtung von der Umwandlung der Energie in Licht. Dazu wird auf die verschiedenen Parameter eingegangen, um am Ende das Gesamtbild für die Effizienz zu verstehen.

Danach erfolgt im Kapitel 2 eine Überleitung zu den LEDs, indem die Technologie anhand des Standes der Technik genauer erklärt wird.

Der letzte größere Teil der Arbeit, Kapitel 3, betrachtet verschiedene Kriterien, anhand aktueller LEDs am Markt. Dazu werden auch Kennlinien herangezogen und Kennwerte direkt miteinander verglichen.

2 Der Lichtstrom

Optische Strahlung ist im physikalischen Sinn ein bestimmter wahrgenommener Teil der elektromagnetischen Strahlung. Die Umrechnung der physikalischen Strahlungsleistung $\phi_e(\lambda)$ auf den fotometrischen Wert ϕ_v wird durch die Formel

$$\phi_v = K_m * \int_{380\,nm}^{780\,nm} V(\lambda) * \phi_e(\lambda) * d\lambda \qquad (1)$$

ausgedrückt. Die lichttechnische Größe ϕ_v ist dabei die fotometrische Strahlungsleistung welche durch die elektromagnetischen Wellen verursacht wird. In der Lichtbranche wird dafür der Name Lichtstrom benutzt. Die Einheit hierfür ist Lumen (lm). K_m ist das fotometrische Strahlungsäquivalent in (lm/W). $V(\lambda)$ ist die spektrale Hellempfindlichkeit und ist einheitslos. $\phi_e(\lambda)$ ist die physikalische Strahlungsleistung mit der Einheit Watt (W) und wird mit $d\lambda$ über das sichtbare Lichtspektrum von 380 nm bis 780 nm Wellenlänge berechnet. [4]

In den folgenden Kapiteln wird auf die einzelnen Größen und ihre Einheiten näher eingegangen.

2.1 Licht als elektromagnetische Welle

Elektromagnetische Wellen werden in verschiedene Bereiche unterteilt. In Abbildung 2-1 auf Seite 4 ist eine Übersicht dieser Bereiche je nach Wellenlänge dargestellt. Im Bereich um 0,01 Nanometer ist die Gammastrahlung zu finden, gefolgt von der Röntgenstrahlung im Nanometer Bereich und der Ultraviolettstrahlung im Bereich von mehreren hundert Nanometer Wellenlänge. In der Mitte ist der sichtbare Bereich der elektromagnetischen Strahlung zu sehen.

---

[4] Vgl.: Sidney Media. Earth Hour – Earth Always. http://www.sydneymedia.com.au/html/3263-earth-hour---earth-always.asp [Stand 06.02.2011]

Danach folgt die Infrarotstrahlung von 780 Nanometer bis hin zu einem Millimeter, sowie die Mikrowellen mit Wellenlängen von einem Millimeter bis hin zu einem Meter.[5]

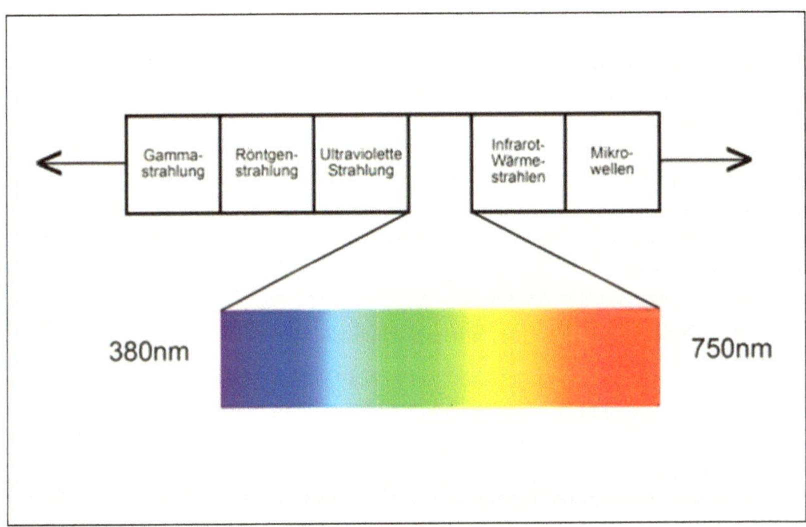

Abb. 2-1: Übersicht des Lichtspektrums[6]

Sichtbares Licht befindet sich zwischen einer Frequenz von 380 THz und 780 THz. Über die Formel $\lambda = c/f$ entspricht dies einer Wellenlänge λ von 400nm bis 750nm. Die Größe λ ist dabei die Wellenlänge in Meter, c ist die Lichtgeschwindigkeit als konstante Größe von 299.792.458 Meter pro Sekunde und f ist die Frequenz in der Einheit Hz. Jede Wellenlänge entspricht hier einem bestimmten Farbbereich.

In Tabelle 2-1 auf Seite 5 ist eine Auflistung der subjektiv wahrgenommenen Farben, hinsichtlich ihrer Wellenlänge und Frequenz, zu sehen.

---

[5] Vgl.: Giancoli, Douglas C. (2011): Physik. Gymnasiale Oberstufe. Aus dem Englischen übersetzt von Krieger-Hauwede, Micaela/Lippert, Karen/Pahlkötter, Ulrike/Scholz, Detlef. München: Pearson Education. S. 456.

[6] Verändert übernommen aus: Landesakademie für Fortbildung und Personalentwicklung an Schulen (2011): Licht als Welle (Wellenmodell). http://lehrerfortbildung-bw.de/kompetenzen/gestaltung/farbe/physik/welle/index.html [Stand 25.02.2011]

Farbe	Wellenlänge in nm	Frequenz in THz
Rot	790 - 630	379 - 476
Orange	630 - 580	476 - 517
Gelb	580 - 560	517 - 535
Grün	560 - 480	535 - 624
Blau	480 - 420	624 - 714
Violett	420 - 390	714 - 769

Tab. 2-1: Periodendauer und Frequenz der Lichtfarben[7]

Daraus folgend kann gesagt werden, dass Licht derjenige Teil der elektromagnetischen Strahlung ist, welcher von den Augen wahrgenommen wird.

2.2 Strahlungsleistung

Bevor auf die Effizienz in Lumen pro Watt eingegangen wird, werden einige der Grundgrößen der Lichttechnik zum besseren Verständnis genauer erklärt. In der Lichttechnik werden sogenannte fotometrische Größen zum Vergleich herangezogen, welche sich von den physikalischen Größen ableiten. Der erste Schritt ist hier der Zusammenhang zwischen physikalischen und fotometrischen Größen.

Die fotometrische Strahlungsleistung ist das Äquivalent zur physikalischen Strahlungsleistung. Die physikalische Strahlungsleistung ϕ_e ist eine Größe, welche von einem Senderelement auf ein Empfängerelement wirkt und mit der Formel

$$\phi_e = \frac{dQ}{dt} \tag{2}$$

ausgedrückt wird. Diese physikalische Strahlungsleistung ergibt sich aus der Änderung der Strahlungsenergie dQ mit der Einheit Joule (J) und der Zeitdifferenz dt mit der Einheit Sekunde (s). Diese Strahlungsleistung ist somit

---

[7] Vgl.: Dobrinski, Paul/Krakau, Gunter/Vogel, Anselm (2006): Physik für Ingenieure. 11. Auflage. Wiesbaden: Teubner B.G. S. 452.

eine Energieübertragung einer elektromagnetischen Strahlung mit der Einheit Joule pro Sekunde (J/s) bzw. Watt (W). [8]

Um diese physikalische Strahlungsleistung ϕ_e auf die fotometrische Strahlungsleistung ϕ_v umzuwandeln sind noch folgende 2 Variablen relevant[9]:

- Die spektrale Hellempfindlichkeit $V(\lambda)$
- Das fotometrische Strahlungsäquivalent K_m

2.3 Spektrale Hellempfindlichkeit

Das menschliche Auge nimmt verschiedene Wellenlängen des sichtbaren Lichts unterschiedlich stark wahr. Um diese subjektiv wahrgenommenen Werte genauer zu untersuchen wurde eine empirische Studie für die Hell-Empfindlichkeit bei Tageslicht von der Commission Internationale de l'Éclairage im Jahr 1924 durchgeführt. Das Ergebnis dieser Studie ist in Abbildung 2-2 auf Seite 7 zu sehen.

---

[8] Vgl.: Hering, Ekbert/Rolf, Martin (2005): Photonik. Grundlagen, Technologie und Anwendung. 1. Auflage. Heidelberg: Springer. S. 57 ff.
[9] Vgl.: Hering/Rolf (2005): Photonik. S. 60

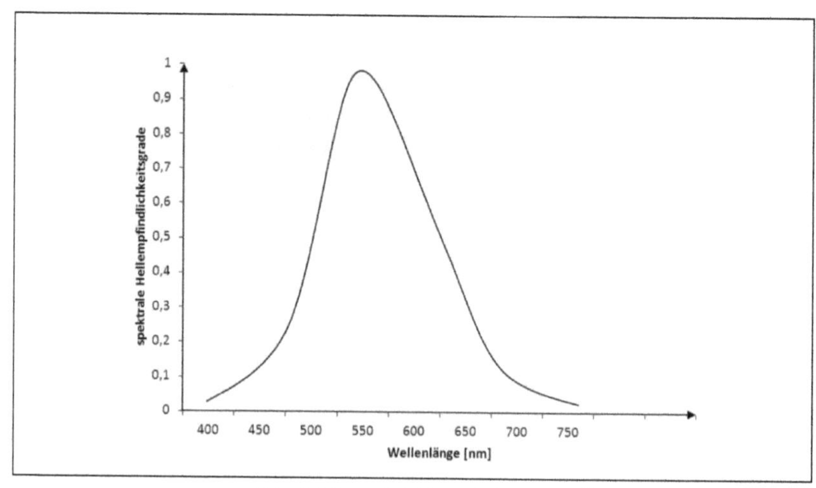

Abb. 2-2: V-Lambda Kurve bei Tageslicht[10]

In Abbildung 2-2 ist auf der x-Achse die Wellenlänge des sichtbaren Lichts beginnend von 350 nm bis 750 nm aufgetragen. Auf der y-Achse ist die subjektiv wahrgenommene Intensität mit einer Skala von 0 bis 1 aufgetragen. Hier ist zu sehen, dass diese Kurve sehr große Ähnlichkeit mit der einer Gauß'schen Glockenkurve hat. Beginnend im kurzwelligen Bereich bei 400 nm, was der Farbe Violett entspricht, steigt die Kurve an bis zu ihrem Maximum bei genau 555 nm, was grünem Licht entspricht. Danach sinkt die subjektiv wahrgenommene Intensität wieder und erreicht bei 700 nm ihr Minimum, was der Farbe Rot entspricht.

Neben der spektralen Hellempfindlichkeitskurve für Tageslicht gibt es auch eine spektrale Hellempfindlichkeitskurve bei Nachtsehen. In der Nacht werden Farben anders wahrgenommen als am Tag. [11]

---

[10] Verändert übernommen aus: Ohno, Yoshi (1999): OSA Handbook of Optics, Volume III Visual Optics and Vision Chapter for Photometry and Radiometry.
http://www.ecse.rpi.edu/~schubert/More-reprints/1999%20Ohno%20(OSA%20handbook%20of%20 20optics)%20Photometry%20and%20radiometry.pdf [Stand 17.03.2011]
[11] Vgl.: Ris, Hans Rudolf (2003): Beleuchtungstechnik für Praktiker. 3. Auflage. Berlin: VDE Verlag. S. 20

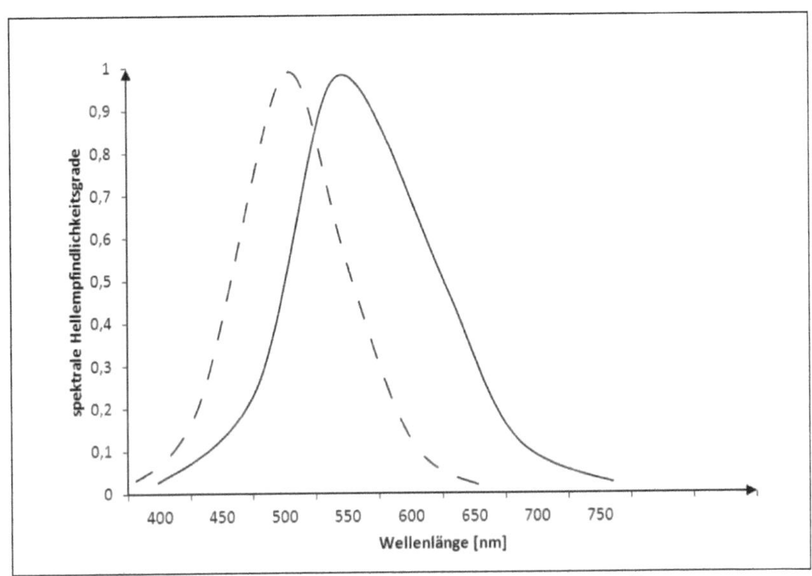

Abb. 2-3: V-Lambda Kurve bei Tages- und Nachtlicht[12]

In Abbildung 2-3 ist auf der x-Achse die Wellenlänge des sichtbaren Lichts beginnend von 400 nm bis 750 nm aufgetragen. Auf der y-Achse ist die subjektiv wahrgenommene Intensität als spektrale Hellempfindlichkeitsgrade mit einer Skala von 0 bis 1 aufgetragen. Die volle Kurve entspricht der subjektiv wahrgenommenen Hellempfindlichkeit bei Tag. Sie steigt bei 400 nm an bis zu ihrem Maxmimum bei 555 nm. Danach sinkt sie wieder bis ihr Minimum bei 750 nm erreicht ist. Die strichlierte Kurve entspricht der subjektiv wahrgenommenen Hellempfindlichkeit bei Nacht, wobei sich das Maximum dabei von 555 nm auf 507 nm verschiebt. Die Kurve beginnt wieder bei 400 nm zu steigen und nachdem das Maximum erreicht wurde, sinkt die Kurve rasch auf die Intensität von 0, welche im Unterschied zum Tagessehen bereits bei 630 nm erreicht wird. Das Maximum entspricht bei Nachtsehen einer Farbe im Blau-Grün Bereich. [13]

Dieser Aspekt wird in der einheitslosen physikalischen Größe V(λ) festgehalten.

---

[12] Verändert übernommen aus: OSRAM GmbH (2011): Lichttechnische Größen.
http://www.osram.ch/osram_ch/DE/Lichtplanung/Ueber_Licht/Licht_%26_Raum/Lichttechnische_G
roessen/Oekonomische/index.html [Stand 11.03.2011]
[13] Vgl.: Ris (2003): Beleuchtungstechnik für Praktiker. S. 20

2.4 Lichtstrom und das fotometrische Strahlungsäquivalent

In der zu Anfangs angegebenen Formel für ϕ_v ist das fotometrische Strahlungsäquivalent K_m der theoretische Maximalwert des Lichtstroms in der Einheit Lumen pro Watt (lm/W). Er wird als Umrechnungsfaktor für die subjektiv wahrgenommene Intensität von Licht miteinbezogen. Dieser Faktor stellt somit die Proportionalität zwischen der Strahlungsgröße ϕ_e in Watt (W), sowie der lichttechnischen Größe ϕ_v in Lumen (lm) her. Er beträgt 683 lm/W und tritt bei Tagessehen bei der maximalen subjektiv wahrgenommenen Intensität mit einer Wellenlänge von 555 nm auf.[14]

Dieser Maximalwert leitet sich aus folgendem Zusammenhang ab[15]:

$$\frac{photometrisch\ gemessene\ Lichtstärke}{\left(\frac{gemessene\ Energie}{Raumwinkel}\right)}\ in\ \left[\frac{Candela}{\left(\frac{Watt}{Steradiant}\right)}\right]$$

Eine Umformung ergibt den neuen Zusammenhang

$$\frac{Lichtstärke\ [Candela\ ]\ *\ Raumwinkel\ [Steradiant\ ]}{Energie\ [Watt]}\ in\ \left[\frac{lm}{W}\right]$$

für das fotometrische Strahlungsäquivalent, wobei

$$Lichtstrom\ [Lumen] = Lichtstärke\ [Candela\ ]\ *\ Raumwinkel\ [Steradiant\ ]$$

ergibt. Dies ist nicht zu verwechseln mit der fotometrischen Strahlungsleistung ϕ_v mit derselben Einheit Lumen (lm) aus der ursprünglichen Formel.

---

[14] Vgl.: Haferkorn, Heinz (2003): Optik. Physikalisch-technische Grundlagen und Anwendungen. 4. Auflage. Weinheim: WILEY-VCH. S. 173 ff.

[15] Vgl.: Pohl, Robert (2005): Pohls Einführung in die Physik. Elektrizitätslehre und Optik. 22. Auflage. Berlin: Springer. S 426.

Die Lichtstärke I mit der Einheit Candela (cd) ist eine SI-Einheit und nach DIN 1301 definiert durch:

*„Die Candela ist die Lichtstärke in einer bestimmten Richtung einer Strahlungsquelle, die monochromatische Strahlung der Frequenz 540 * 10^{12} Hertz aussendet und deren Strahlstärke in dieser Richtung 1/683 Watt durch Steradiant beträgt."* [16]

Die Einheit Steradiant (sr) ist der Raumwinkel Ω[17]. Abbildung 2-4 zeigt dies anhand einer Skizze. Hier ist eine Einheitskugel mit dem Radius r von 1 Meter zu sehen und ihrem Mittelpunkt M. Auf der Oberfläche dieser Kugel ist eine herausgeschnittene Kalottenfläche A_k mit der Fläche von 1 m². Ein Steradiant entspricht genau diesem Raumwinkel für die Kalottenfläche von 1 m² bei einem Kugelradius von 1 m.

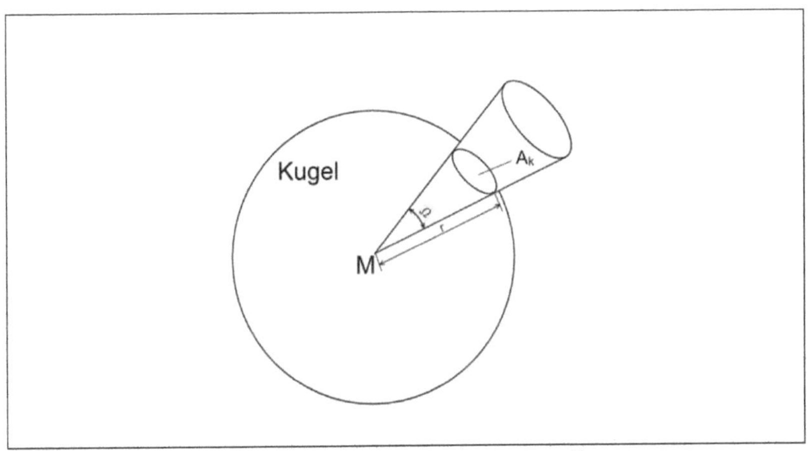

Abb. 2-4: Darstellung des Raumwinkels[18]

Für den Raumwinkel ergibt sich damit die Formel

[16] Lohmeyer , Gottfried/Bergmann, Heinz/Post, Matthias (2007): Praktische Bauphysik. Eine Einführung mit Berechnungsbeispielen. 6. Auflage. Wiesbaden: Vieweg+Teubner. S. 26.
[17] Vgl.: Ris (2003): Beleuchtungstechnik für Praktiker. S. 23.
[18] Verändert übernommen aus: Böge, Alfred/Eichler, Jürgen (2008): Physik für technische Berufe. 11. Auflage. Wiesbaden: Vieweg+Teubner. S.162.

$$\Omega = \frac{Karlottenfäche\ A_k}{Radiusquadrat\ r^2} = \frac{(m^2)}{(m^2)} = (sr) \qquad (3)$$

mit der Einheit Steradiant (sr).

Aus diesen Grundgrößen ergibt sich die fertige, bereits am Anfang angegebene Formel für den Lichtstrom im Bereich des sichtbaren Lichts für ein polychromatisches Licht.[19]

$$\phi_v = K_m * \int_{380\,nm}^{780\,nm} V(\lambda) * \phi_e(\lambda) * d\lambda \qquad (4)$$

2.5 Lichtausbeute

Für die Effektivität gilt die Formel

$$\eta = \frac{\phi_v}{P_{el}} \qquad (5)$$

mit P_{el} als aufgenommene elektrische Leistung in Watt (W). η ist dabei der Wirkungsgrad mit der Einheit Prozent (%). Diese Leistung kann sowohl auf das Leuchtmittel bzw. Lampe selbst, oder auch auf das ganze System ‚Leuchte', bezogen werden. Die theoretische Obergrenze entspricht dem maximalen Strahlungsäquivalent K_m von 683 lm/W.[20]

Daraus schlussfolgernd kann gesagt werden, dass der maximale Lichtstrom ϕ_v, durch die Anpassung auf die Empfindlichkeit auf das Auge mit $V(\lambda)$, nur bei einer Lichtquelle erreichbar ist, welche eine Wellenlänge von genau 555 nm ausstrahlt.

---

[19] Hering, Ekbert/Rolf, Martin (2005): Photonik. S.58 ff.
[20] Vgl.: Ris (2003): Beleuchtungstechnik für Praktiker. S. 34.

3 Die LED

Dieses Kapitel befasst sich mit der Technologie der LED. Beginnend mit der grundlegenden Funktionsweise von LEDs wird die Funktionsweise von weißen LEDs nach aktuellem Stand der Technik erklärt. Zuletzt wird noch ausführlich auf das emittierende Lichtspektrum eingegangen.

3.1 Aufbau und Funktionsweise

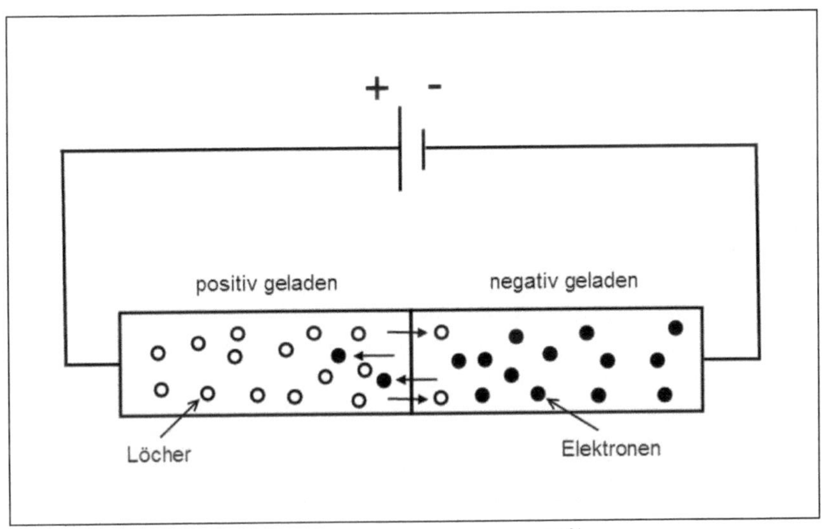

Abb. 3-1: Funktionsweise einer LED[21]

In Abbildung 3-1 ist die Funktionsweise einer LED durch einen Stromkreis, bestehend aus einer LED und einer Konstantstromquelle, dargestellt. Der Chip einer LED ist ein lichtemittierender Halbleiter. Dieser Halbleiter ist auf einer Seite höher dotiert, wodurch ein Überschuss an Elektronen vorhanden ist. Er ist in

---

[21] Eigene Darstellung.

diesem Bereich somit negativ geladen. Die andere Seite weist im Vergleich dazu ein Elektronendefizit auf, auch Löcher genannt. Dieser Bereich ist positiv geladen. Sobald dieser Halbleiter an eine Stromquelle angeschlossen wird, können Elektronen vom negativ geladenen Bereich in den positiv geladenen Bereich übertreten und umgekehrt. Trifft ein Elektron auf ein Loch so fällt es in ein niedrigeres Energieniveau. Bei diesem Vorgang wird Energie in Form von Licht abgegeben. Je nach Halbleitermaterial werden dabei verschiedene Wellenlängen des Lichtspektrums abgegeben. [22]

3.2 Die neue Technologie weißer LEDs

Bisherige weiße LEDs verwendeten die 3 Grundfarben Rot, Grün und Blau. Dabei muss das Licht von den 3 verschiedenfärbigen LEDs miteinander vermischt werden, sodass sich eine weiße Farbe ergibt. Einer der größten Probleme ist, dass sich durch diese additive Farbmischung kein subjektiv schönes Weiß ergibt. Ein weiteres Problem ist der unterschiedlich abnehmende Lichtstrom während der Lebensdauer. Daher müssen diese 3 LEDs aufwändig elektronisch abgeglichen werden, um durch die Farbmischung ein weiß über die gesamte Lebensdauer beizubehalten. [23]

[22] Vgl.: Ingold, Gert-Ludwig/Lambrecht, Astrid (2008): Die 101 wichtigsten Fragen - Moderne Physik. München: C.H. Beck. S. 74 f.
[23] Vgl.: Tanabe, Setsuhisa/Fujitab, Shunsuke/Yoshiharab, Satoru/Sakamotob, Akihiko/Yamamotob, Shigeru (2005): YAG glass-ceramic phosphor for white LED. Luminescence characteristics. Kyoto, Univ., Paper. S. 1

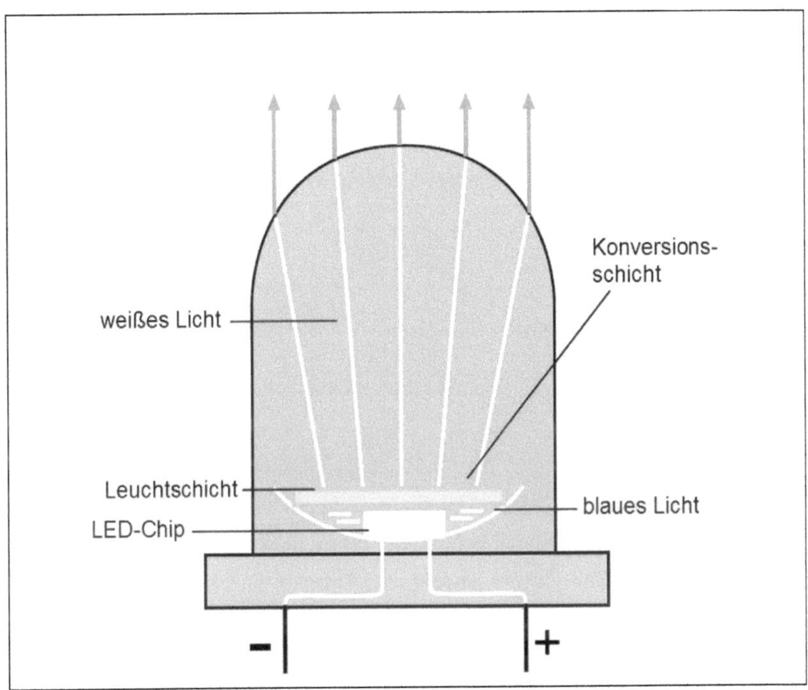

Abb. 3-2: Aufbau einer weißen LED[24]

In Abbildung 3-2 ist eine moderne weiße Leuchtdiode abgebildet. Unten ist der Minus und der Pluspol ausgeführt für einen Anschluss an eine Konstantstromquelle. Die Kontakte sind mit einem LED-Chip verbunden, welcher blaues Licht emittiert. Ein Teil des blauen Lichts wird durch eine Leuchtschicht in gelbes Licht umgewandelt. An der Konversionsschicht vermischen sich der blaue und der gelbe Anteil des Lichts zu einem weißen Licht. Für reines weißes Licht ist die Leuchtschicht besonders wichtig, denn nur mit der richtigen Konzentration lässt sich ein optimales weißes Licht erreichen.[25]

Diese heutigen weißen LEDs sind auf Phosphor basierend. Der Chip besteht meist aus einer Dünnschicht von Galliumnitrid, womit dieser blaues Licht mit einer Wellenlänge von 420 nm bis 480 nm emittiert. Das genaue Spektrum des

---

[24] Verändert übernommen aus: Fördergemeinschaft Gutes Licht (2011): LED. S. 2.
[25] Vgl.: Fördergemeinschaft Gutes Licht (2011): LED. S. 2.

emittierenden Lichts hängt von der Galliumnitridschicht ab. Die Leuchtschicht in Abbildung 3-2 besteht aus einer Schicht aus Phosphor, welches wie ein Filter auf das blaue Lichtspektrum wirkt. Dadurch wird ein sehr breites Spektrum im sichtbaren Bereich des Lichts erzeugt. Das zuvor höherenergetische blaue Licht aus dem LED-Chip wird bei diesem Vorgang in ein niedrigenergetisches weißes Licht umgewandelt.[26]

3.3 Das Lichtspektrum

Abbildung 3-3 auf Seite 16 zeigt das zugehörige Lichtspektrum einer weißen LED auf Basis von Phosphor. Auf der x-Achse ist die Wellenlänge in Nanometer aufgetragen. Dieser Bereich der Wellenlänge erstreckt sich von 350 nm bis 800 nm. Auf der y-Achse ist der prozentuelle Lichtstrom bezogen auf das Maximum abgebildet. Die Kurve beginnt bei 350 nm bis zu dem Maximum von 1 zu steigen, welches bei ungefähr 450 nm erreicht wird. Danach sinkt die Kurve wieder bis zu einer Intensität von knapp unter 0,2 bei 500 nm. Dieser erste Teil der Kurve entspricht dem blauen Lichtanteil, welcher aus der Phosphorschicht resultiert. Danach steigt die Kurve wieder langsam an bis ungefähr 560 nm mit einer Intensität von 0,3 und sinkt schließlich wieder bis bei 800 nm die Intensität von 0 erreicht wird. Dieser zweite Teil der Kurve entspricht dem gelben Lichtanteil, welcher aus der Leuchtschicht resultiert.

In Summe ergibt sich daraus eine weiße Lichtfarbe. Hier ist sehr gut der große Blauanteil zu sehen, welcher mehr als die doppelte Intensität wie der gelbe Farbanteil erreicht. Dadurch ergibt sich ein leichter Blaustich der LED.

---

[26] Vgl.: 8. VDI-Fachtagung (2010): Innovative Beleuchtung mit LED 2010. VDI-Berichte 2103. Düsseldorf: VDI. S. 18 f.

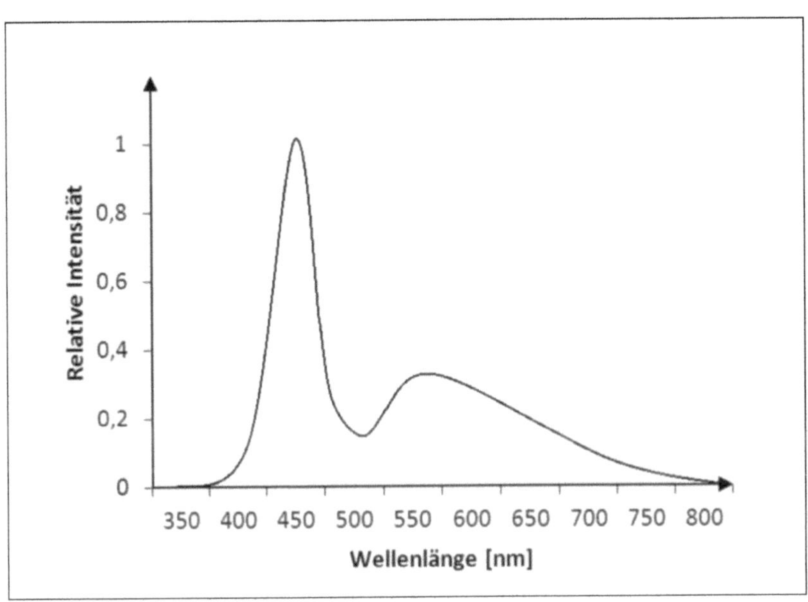

Abb. 3-3: Übersicht des Lichtspektrums alter LEDs[27]

Heutige LEDs haben diesen großen Blauanteil nicht mehr. Die Intensität des Blauanteils ist geringer als die vom Gelbanteil, wodurch sich eine bessere weiße Lichtfarbe ergibt. Die Abbildung 3-4 auf Seite 17 zeigt das Lichtspektrum der TOPLED LCW E6SG von OSRAM, welche dem aktuellen Stand der Technik entspricht. Auf der x-Achse ist wieder die relative Intensität mit I_{rel} und auf der y-Achse die Wellenlänge in Nanometer aufgetragen. Zusätzlich ist die $V(\lambda)$ Kurve strichliert eingezeichnet, um die subjektive Wahrnehmung zu verdeutlichen. Der Blauanteil ist durch seine geringe Intensität und der subjektiv geringen Empfindung in diesem Wellenlängenbereich nicht mehr wahrzunehmen. Dadurch ergibt sich eine nahezu optimale Farbmischung für weißes Licht.

---

[27] Verändert übernommen aus: Kainka, Burkhard (2007): Schnellstart LEDs: Leuchtdioden in der Praxis. Poing: Franzis. S. 26.

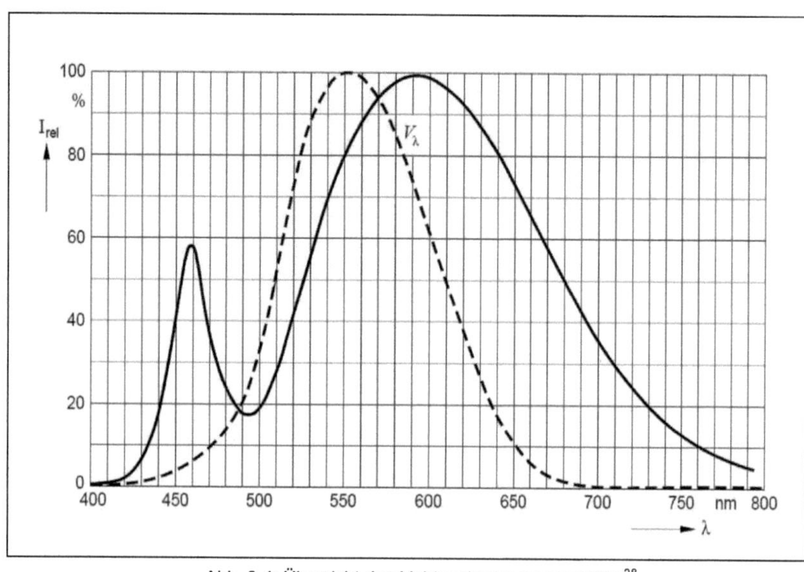

Abb. 3-4: Übersicht des Lichtspektrums neuer LEDs[28]

---

[28] Verändert übernommen aus: OSRAM GmbH: Vorläufige Daten für OS-PCN-2008-003-A. Datenblatt. http://catalog.osram-os.com/catalogue/catalogue.do?act=downloadFile&favOid= 0200000300026f12000200b6 [Stand 23.03.2011]

4 Einflussgrößen

In diesem Kapitel werden die wichtigsten Einflussgrößen auf die LED und dem damit verbundenen emittierenden Licht betrachtet. Hierfür werden vor allem Datenblätter aktueller LEDs herangezogen, sowie aktuelle Forschungsergebnisse von Universitäten.

4.1 Stromstärke

In Abbildung 4-1 auf Seite 19 ist ein Diagramm zu sehen, bei welchem auf der x-Achse links die Stromstärke in Milliampere (mA) mit einem Bereich von 0 bis 1000 aufgetragen ist und rechts der Lichtstrom ϕ_v in lm. Auf der y-Achse ist die Lichtausbeute mit der Einheit Lumen pro Watt (lm/W) aufgetragen. Die Kurve mit den weißen Kreisen zeigt den Lichtstrom einer weißen LED bezogen auf die notwendige Stromstärke. Diese Kurve steigt annähernd linear mit einer Steigung von 1 an. Die Kurve mit den schwarzen Kreisen zeigt die Lichtausbeute einer weißen LED bezogen auf die notwendige Stromstärke. Diese Kurve erreicht bei einer minimalen Stromstärke von ungefähr 50 mA ihr Maximum und sinkt dann stetig mit steigender Stromstärke. Das heißt, dass mit steigender Stromstärke der Lichtstrom steigt, jedoch die Lichtausbeute bzw. Effizienz in lm/W sinkt.

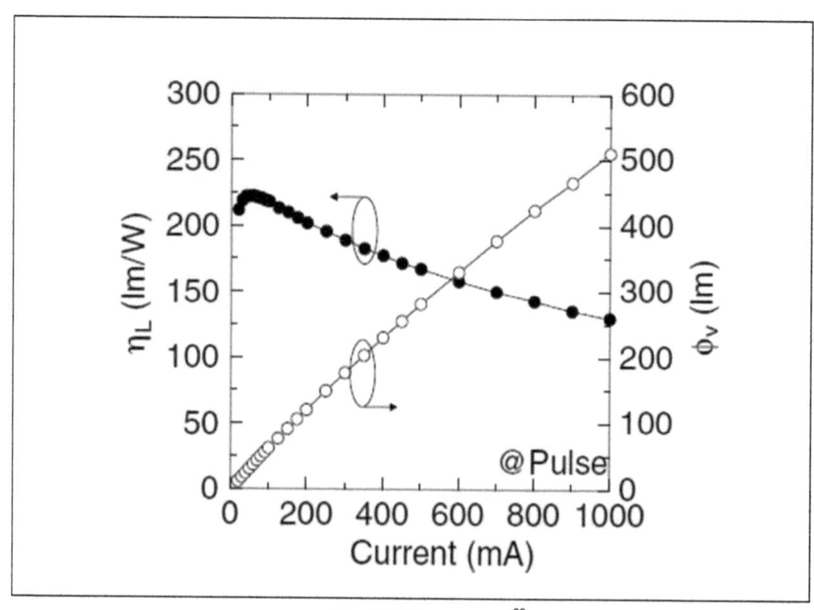

Abb. 4-1: Wirkungsgrad[29]

---

[29] Unverändert übernommen aus: Narukawa, Yukio/Ichikawa, Masatsugu/Sanga, Daisuke/Masahiko, Sano/Mukai, Takashi (2010): White light emitting diodes with super-high luminous efficacy. http://iopscience.iop.org/0022-3727/43/35/354002/pdf/0022-3727_43_35_354002.pdf [Stand: 14.03.2011]

4.2 Farbtemperatur

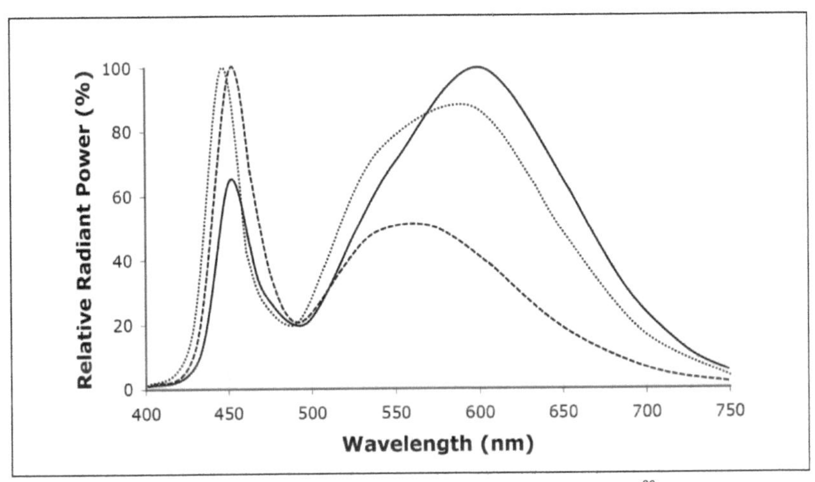

Abb. 4-2: Lichtstrom und Farbtemperatur der Cree XR-E[30]

In Abbildung 4-2 ist ein Diagramm der LED Namens XR-E vom Hersteller Cree ersichtlich. Auf der x-Achse ist die Wellenlänge in Nanometer aufgetragen. Dieser Bereich der Wellenlänge erstreckt sich von 400 bis 750 Nanometer. Auf der y-Achse ist der prozentuelle Lichtstrom bezogen auf das Maximum abgebildet. Die y-Achse reicht von 0 % bis 100 %. Jede der 3 Kurven ist der XR-E LED mit einer anderen Farbtemperatur zugeordnet. Die strichlierte Linie zeigt eine Farbtemperatur von 2600 - 3700 K, die punktierte Linie eine Farbtemperatur von 3700 - 5000 K und die volle Linie eine Farbtemperatur von 5000 - 10000 K. Hier ist zu erkennen, dass LEDs unterschiedlicher Farbtemperatur einen unterschiedliche Lichtstrom in den verschiedenen Lichtspektren haben. Damit wird die gewünschte Farbtemperatur der LED erreicht. Datenblätter des Herstellers Cree zeigen außerdem, dass mit steigender Farbtemperatur auch der Lichtstrom zunimmt. Da in der Beleuchtungsbranche und vor allem in Wohnbereichen eine warme Lichtfarbe unter 4000 K bevorzugt wird, wirkt sich dieses Absinken des Lichtstroms bei Verringerung der Farbtemperatur negativ aus. Zusätzlich ist bei sinkender Farbtemperatur auch ein Sinken der Effizienz zu beobachten. Dieser

---

[30] Verändert übernommen aus: Cree Inc. (2011): Cree Xlamp XR-E LED. Datenblatt. S. 5.

Effekt kommt durch die Phosphortechnologie zum Tragen, welcher aufgrund hoher Verluste nur eine begrenzte Lichtausbeute zulässt.[31]

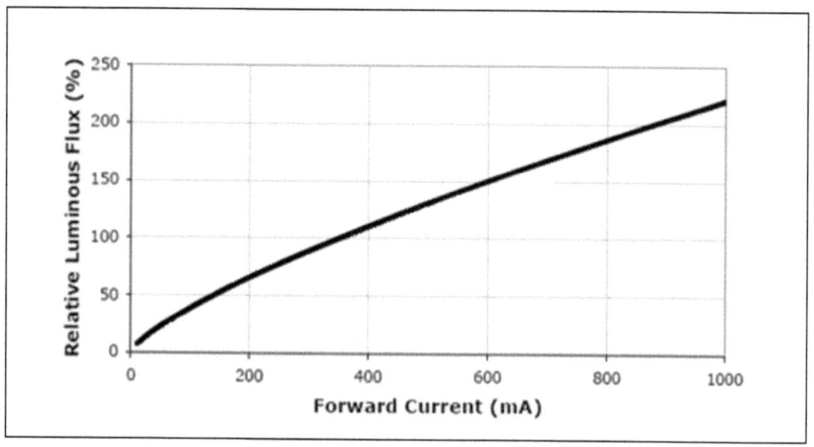

Abb. 4-3: Lichtstrom und Stromstärke der Cree XR-E[32]

In Abbildung 4-3 ist wieder ein Diagramm der LED XR-E vom Hersteller Cree zu sehen. Auf der x-Achse ist die Stromstärke in Milliampere aufgetragen und auf der y-Achse der relative Lichtstrom. Die Stromstärke erstreckt sich von 0 mA bis hin zu 1000 mA. Der relative Lichtstrom von 0 % bis hin zu 250%. Die Kurve der XR-E LED ist in schwarz dargestellt. Sie ist in diesem Bereich nahezu linear steigend. Hier ist sehr gut zu erkennen, dass bei steigender Stromstärke ein insgesamt höherer Lichtstrom erzielt wird.

4.3 Multichip-Technologie

Heutige Hersteller bieten vermehrt sogenannte Multichip-LEDs an. Dabei sind mehrere einzelne LED-Chips unter einer gemeinsamen Linse, wodurch bei kleiner Größe ein höherer Lichtstrom erreicht wird.

---

[31] Vgl.: 8. VDI-Fachtagung (2010): Innovative Beleuchtung mit LED 2010. S. 27 f.
[32] Verändert übernommen aus: Cree Inc. (2011): Cree Xlamp XR-E LED. Datenblatt. S. 8.

Die LED XR-E ist eine LED mit einem Chip. Sie hat bei einer Stromstärke von 350 mA und einer daraus resultierenden Spannung von 3,3 V einen Verbauch von 1,155 W. Dabei hat sie einen Lichtstrom von 107 Lumen. Dies ergibt eine Lichtausbeute von 92,6 lm/W. [33]

Die Multichip-LED MC-E des gleichen Herstellers hat vier LED-Chips. Jeder dieser LED-Chips hat bei einer Stromstärke von 350 mA und einer daraus resultierenden Spannung von 3,2 V einen Verbauch von 1,12 W. In Summe ergibt das für die gesamte Multichip-LED eine Leistung von 4,48 W. Dabei hat sie einen Lichtstrom von 430 Lumen. Dies ergibt eine Lichtausbeute von 95,98 lm/W. [34]

Dieser Vergleich zeigt sehr deutlich, dass die sinkende Effizienz mit steigender Stromstärke mithilfe der Multichip-Technologie umgangen werden kann.

Im Vergleich dazu die Multichip LED MP-L des gleichen Herstellers mit 24 LED-Chips. Jeder dieser LED-Chips hat bei einer Stromstärke von nur 150 mA und einer daraus resultierenden Spannung von 3,14 V einen Verbauch von 0,47 W. In Summe ergibt das für die gesamte Multichip-LED eine Leistung von 11,3 W. Dabei hat sie einen Lichtstrom von 900 Lumen, womit sie eine Lichtausbeute von 79,65 lm/W besitzt. [35]

Dies zeigt uns, dass mit steigender Anzahl der Chips auf einer LED auch die Effizienz sinken kann. Grund dafür ist unter anderem die Temperatur auf welche im folgenden Kapitel näher eingegangen wird.

4.4 Betriebstemperatur und Lebensdauer

Durch die LED Technologie ist es möglich mittels einer Begrenzung des Stromflusses die damit direkt verbundene Lebensdauer zu beeinflussen. Des weiteren wird damit auch die Effizienz beeinflusst. [36]

[33] Vgl.: Cree Inc. (2011): Cree Xlamp XR-E LED. Datenblatt. S. 2 ff.
[34] Vgl.: Cree Inc. (2011): Cree Xlamp MC-E LED. Datenblatt. S. 2.f
[35] Vgl.: Cree Inc. (2011): Cree Xlamp MP-L LED. Datenblatt. S. 2.
[36] Vgl.: 8. VDI-Fachtagung (2010): Innovative Beleuchtung mit LED 2010. S. 25.

In Abbildung 4-4 sind Lichtstrom-Kurven von drei verschiedenen LEDs auf Phosphorbasis, bei einem konstanten Stromfluss von 350 mA, zu sehen. Auf der x-Achse ist die Temperatur des Kühlkörpers aufgetragen in °C und auf der y-Achse der Lichtstrom mit der Einheit lm. Bei allen drei LEDs sinkt mit steigender Temperatur auch der Lichtstrom.

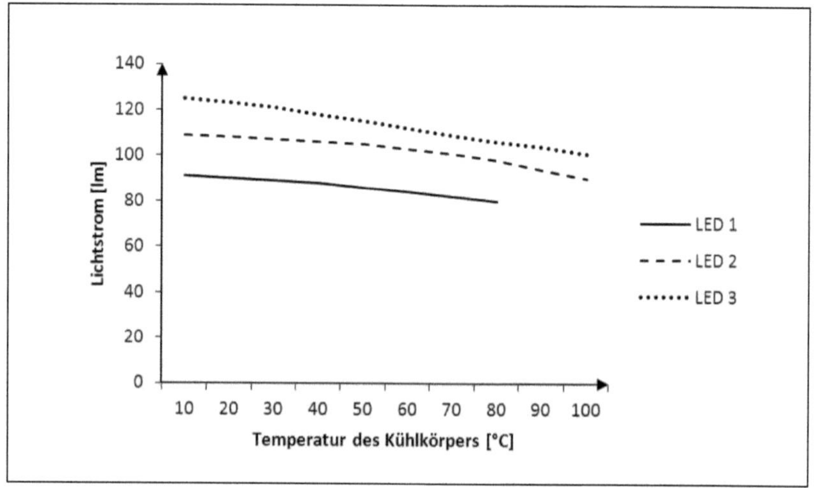

Abb. 4-4: Der Wirkungsgrad von LEDs im Vergleich [37]

In Abbildung 4-5 auf Seite 24 ist derselbe Vergleich in Zusammenhang mit der Effizienz zu sehen. Auf der x-Achse ist die Temperatur des Kühlkörpers in °C und auf der y-Achse die Lichtausbeute mit der Einheit lm/W aufgetragen. Hier ist sehr gut das Absinken der Lichtausbeute bei steigender Temperatur zu sehen.

---

[37] Verändert übernommen aus: 8. VDI-Fachtagung (2010): Innovative Beleuchtung mit LED 2010. S. 144.

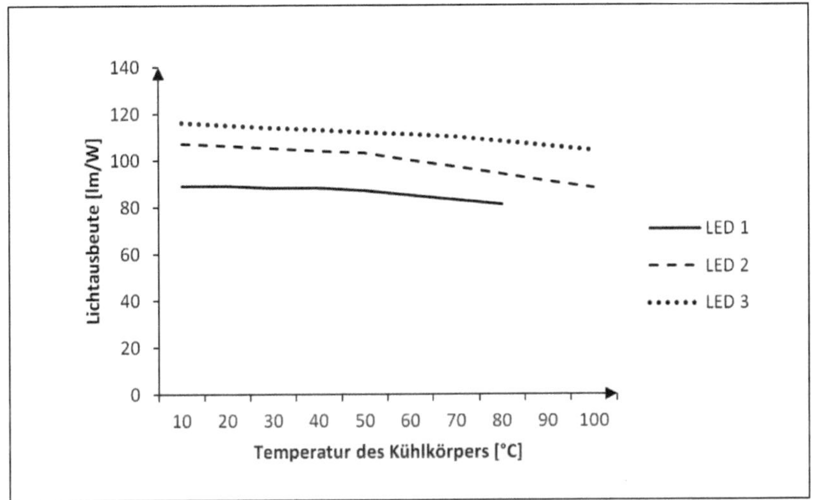

Abb. 4-5: Der Lichtstrom von LEDs im Vergleich [38]

Allen LEDs gemeinsam sind sowohl der sinkende Lichtstrom und die sinkende Effizienz bei steigender Betriebstemperatur.

Dies stellt ein schwierig zu handhabendes Verhalten dar. Auf der einen Seite ist ein immer höherer Lichtstrom auf möglichst kleiner Größe wünschenswert, was mit einer höheren Betriebstemperatur auch gelöst werden kann. Doch genau dadurch sinkt die Effizienz, einer der ausschlaggebenden Kriterien der LEDs. Dadurch gewinnt das thermische Management eine noch größere Bedeutung und ist ein sehr wichtiges Instrument der Konstruktion, um der sinkenden Effizienz entgegenwirken zu können. Dabei ist die schnellstmögliche Abführung der Temperatur das entscheidende Kriterium. [39]

Neben der Effizienz ist auch die daraus resultierende Lebensdauer einer der größten Vorteile von LEDs. Die Betriebstemperatur wirkt auch auf die Lebensdauer negativ ein. Mit steigender Betriebstemperatur sinkt die

---

[38] Verändert übernommen aus: 8. VDI-Fachtagung (2010): Innovative Beleuchtung mit LED 2010. S. 145.
[39] Vgl.: 8. VDI-Fachtagung (2010): Innovative Beleuchtung mit LED 2010. S. 145 f.

Lebensdauer der LED. Derzeitiger Stand der Technik ist eine durchschnittliche Lebensdauer von 50.000 Stunden. Dies entspricht im Vergleich mit anderen Leuchtmitteln einer sehr langen Lebensdauer und ist vergleichbar mit der von Leuchtstoffröhren. Im Vergleich zu Glühlampen fällt eine LED nicht plötzlich aus, sondern verringert sich der Lichtstrom kontinuierlich bis ein Schwellwert erreicht ist und die LED getauscht werden muss.[40]

---

[40] Vgl.: Fördergemeinschaft Gutes Licht (2011): LED. S. 4.

5 Effizienz zu anderen Leuchtmitteln

Abbildung 5-1 zeigt die Entwicklung der Effizienz unterschiedlicher Leuchtmittel, welche heute noch verwendet werden, im Vergleich zur LED.

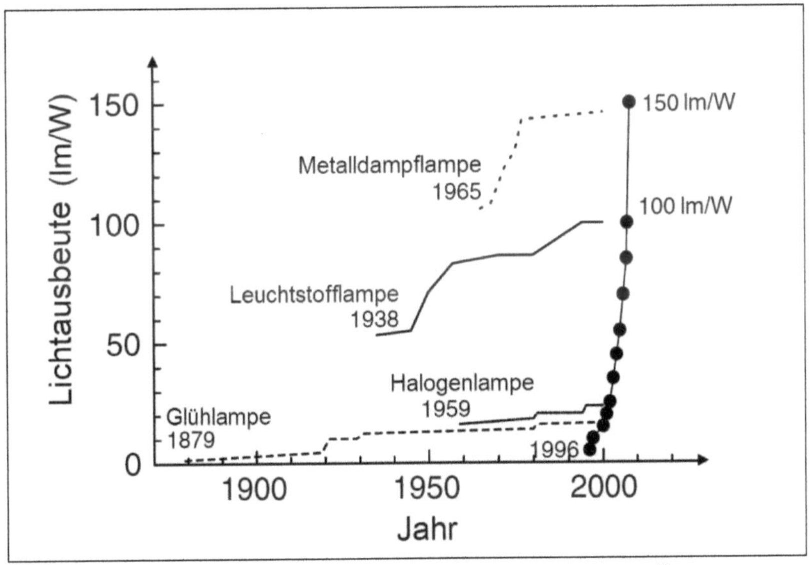

Abb. 5-1: Der Wirkungsgrad von Leuchtmitteln im Vergleich [41]

Beginnend im 19.Jahrhundert wurde die Technologie der Glühlampen erfunden und in den Markt eingeführt. Mit ihr wurde erstmals ein Leuchtmittel verwendet, welches elektrische Energie in Licht umwandelt. Die Effizienz ist hier sehr gering mit Anfangs rund 5 lm/W und im späteren Verlauf mit maximal 20 lm/W. Grund hier ist der große Verlust der Energie in Form von Wärme. Danach folgte ein riesiger Technologiesprung mittels der Leuchtstoffröhre. Mit ihr wurde eine

---

[41] Verändert übernommen aus: Narukawa, Yukio/Ichikawa, Masatsugu/Sanga, Daisuke/Masahiko, Sano/Mukai, Takashi (2010): White light emitting diodes with super-high luminous efficacy. http://iopscience.iop.org/0022-3727/43/35/354002/pdf/0022-3727_43_35_354002.pdf [Stand: 14.03.2011]

Effizienz von über 50 lm/W bis zu heutigen 100 lm/W und mehr erreicht. Der dritte Sprung wurde durch die Natriumdampflampe erreicht, beginnend mit 100 lm/W bis zu heutigen 150 lm/W. 1995/96 wurde die Technologie für die weiße LED erfunden. Zu dieser Zeit war die Effizienz im Vergleich zu anderen am Markt erhältlichen Leuchtmitteln sehr gering und unbedeutend mit rund 5 lm/W. Jedoch stieg die Effizienz in den letzten Jahren rasant an und ist heute bereits auf einem Level um mit Natriumdampflampen, welche die bisher beste Alternative sind, konkurrieren zu können.

6 Resümee und Ausblick

Die Effizienz von LEDs hängt von mehreren Faktoren ab. Zum einen spielt die subjektive Wahrnehmung der Helligkeit, bezogen auf die Lichtfarbe, eine sehr große Rolle. Hervorzuheben ist hier, dass sich das Lichtspektrum durch die neue Technologie für LEDs sehr zugunsten der subjektiven Wahrnehmung verschoben hat. Die Erhöhung der Stromstärke, sowie die Multichip-Technologie, wirken mit der verbundenen steigenden Temperatur der Effizienz entgegen. Dennoch kann dieser Effizienzverlust als sehr klein betrachtet werden, bezogen auf den dadurch gewonnenen höheren Lichtstrom. Einzig die von Menschen bevorzugte warme Farbtemperatur ist hierbei hinderlich. Der Vergleich mehrerer aktueller LEDs untereinander, sowie mit anderen Leuchtmitteln, zeigt ein sehr großes Potential für LEDs und bereits heute ist die Effizienz das entscheidende Kriterium für diese Art von Leuchtmittel.

Der ‚Earth Day' zeigt, inwiefern weltweite Energiesparmaßnahmen bereits heute Realität sind.[42] Die LED leistet hier mit ihrer steigenden Effizienz einen sehr wertvollen Beitrag.

In Summe kann gesagt werden, dass die LED überaus positive Eigenschaften besitzt und als das zukunftsträchtigste Leuchtmittel, in Bezug auf die Effizienz, betrachtet werden kann.

---

[42] Vgl.: Sidney Media. Earth Hour – Earth Always. http://www.sydneymedia.com.au/html/3263-earth-hour---earth-always.asp [Stand 06.02.2011]

7 Literaturverzeichnis

Bücher und Zeitschriften

8. VDI-FACHTAGUNG (2010)   8. VDI-FACHTAGUNG (2010): Innovative Beleuchtung mit LED 2010. VDI-Berichte 2103. Düsseldorf: VDI.

BÖGE/EICHLER (2008)   BÖGE, ALFRED/EICHLER, JÜRGEN (2008): Physik für technische Berufe. 11. Auflage. Wiesbaden: Vieweg+Teubner.

DOBRINSKI/KRAKAU/VOGEL (2006)   DOBRINSKI, PAUL/KRAKAU, GUNTER/VOGEL, ANSELM (2006): Physik für Ingenieure. 11. Auflage. Wiesbaden: Teubner B.G. Verlag.

FÖRDERGEMEINSCHAFT GUTES LICHT (2011)   FÖRDERGEMEINSCHAFT GUTES LICHT (2011): LED - Die neue Lichtquelle. Bd. 17.

GIANCOLI (2011)   GIANCOLI, DOUGLAS C. (2011): Physik. Gymnasiale Oberstufe. Aus dem Englischen übersetzt von Krieger-Hauwede, Micaela/Lippert, Karen/Pahlkötter, Ulrike/Scholz, Detlef. München: Pearson Education.

HAFERKORN (2003)   HAFERKORN, HEINZ (2003): Optik. Physikalisch-technische Grundlagen und Anwendungen. 4. Auflage. Weinheim: WILEY-VCH.

HERING/ROLF (2005)   HERING, EKBERT/ROLF, MARTIN (2005): Photonik. Grundlagen, Technologie und Anwendung. 1. Auflage. Heidelberg: Springer.

INGOLD, GERT-LUDWIG/LAMBRECHT, ASTRID (2008)   INGOLD, GERT-LUDWIG/LAMBRECHT, ASTRID (2006): Die 101 wichtigsten Fragen - Moderne Physik. München: C.H. Beck.

KAINKA (2007)   KAINKA, BURKHARD (2007): Schnellstart LEDs: Leuchtdioden in der Praxis. Poing: Franzis.

LOHMEYER/BERGMANN/POST (2007)   LOHMEYER , GOTTFRIED/BERGMANN, HEINZ/POST, MATTHIAS (2007): Praktische Bauphysik. Eine Einführung mit Berechnungsbeispielen. 6. Auflage. Wiesbaden: Vieweg+Teubner.

POHL (2005)   POHL, ROBERT (2005): Pohls Einführung in die Physik. Elektrizitätslehre und Optik. 22. Auflage. Berlin: Springer.

RIS (2003)   RIS, HANS RUDOLF (2003): Beleuchtungstechnik für Praktiker. 3. Auflage. Berlin: VDE Verlag.

TANABE/FUJITAB/YOSHIHARAB/SAKAMOTOB/YAMAMOTOB (2005)   TANABE, SETSUHISA/FUJITAB, SHUNSUKE/YOSHIHARAB, SATORU/SAKAMOTOB, AKIHIKO/YAMAMOTOB, SHIGERU (2005): YAG glass-ceramic phosphor for white LED. Luminescence characteristics. Kyoto, Univ., Paper.

Internetquellen

CREE INC. (2011)   CREE INC. (2011): Cree Xlamp XR-E LED. Datenblatt. http://www.cree.com/products/pdf/XLamp7090XR-E.pdf [Stand 05.02.2009]

CREE INC. (2011)   CREE INC. (2011): Cree Xlamp MC-E LED. Datenblatt. http://www.cree.com/products/pdf/XLampMC-E.pdf [Stand 20.07.2010]

CREE INC. (2011)   CREE INC. (2011): Cree Xlamp MP-L LED. Datenblatt. http://www.cree.com/products/pdf/XLampMPL-EZW.pdf [Stand 03.11.2010]

LANDESAKADEMIE FÜR FORTBILDUNG UND PERSONALENTWICKLUNG AN SCHULEN Licht als Welle (Wellenmodell). http://lehrerfortbildung-bw.de/kompetenzen/gestaltung/farbe/physik/welle/index.html [Stand 25.02.2011]

NARUKAWA, YUKIO/ICHIKAWA, MASATSUGU/SANGA, DAISUKE/MASAHIKO, SANO/MUKAI, TAKASHI (2010)   White light emitting diodes with super-high luminous efficacy. http://iopscience.iop.org/0022-3727/43/35/354002/pdf/0022-3727_43_35_354002.pdf [Stand: 14.03.2011]

OHNO, YOSHI (1999)   OSA Handbook of Optics, Volume III Visual Optics and Vision Chapter for Photometry and Radiometry. http://www.ecse.rpi.edu/~schubert/More-reprints/1999%20Ohno%20(OSA%20handbook%20of%20optics)%20Photometry%20and%20radiometry.pdf [Stand 17.03.2011]

OSRAM GMBH   OSRAM GMBH. Vorläufige Daten für OS-PCN-2008-003-A. Datenblatt. http://catalog.osram-os.com/catalogue/catalogue.do?act=downloadFile&favOid= 0200000300026f12000200b6 [Stand 23.03.2011]

OSRAM GMBH (2011)   Lichttechnische Größen. http://www.osram.ch/osram_ch/DE/Lichtplanung/Ueber_Licht/Licht_%26_Raum/Lichttechnische_Groessen/Oekonomische/index.html [Stand 11.03.2011]

SIDNEY MEDIA   Earth Hour – Earth Always. http://www.sydneymedia.com.au/html/3263-earth-hour---earth-always.asp [Stand 06.02.2011]